雾霾天气

保健指南

主　审　何权瀛

主　编　高占成　马艳良

编　者　（按姓氏笔画排序）

王　芳　王　雯　叶阮健　白　文

李　冉　张　素　张荣葆　陈燕文

周德训　暴　婧

人民卫生出版社

图书在版编目（CIP）数据

雾霾天气保健指南 / 高占成，马艳良主编. —北京：人民卫生出版社，2014
ISBN 978-7-117-18461-8

I.①雾… Ⅱ.①高… ②马… Ⅲ.①空气污染－影响－健康－基本知识 Ⅳ.①X510.31

中国版本图书馆 CIP 数据核字（2013）第 296722 号

人卫社官网	www.pmph.com	出版物查询，在线购书
人卫医学网	www.ipmph.com	医学考试辅导，医学数据库服务，医学教育资源，大众健康资讯

雾霾天气保健指南

主　　编：高占成　马艳良
出版发行：人民卫生出版社（中继线 010-59780011）
地　　址：北京市朝阳区潘家园南里 19 号
邮　　编：100021
E - mail：pmph @ pmph.com
购书热线：010-59787592　010-59787584　010-65264830
印　　刷：北京铭成印刷有限公司
经　　销：新华书店
开　　本：850×1168　1/32　印张：3
字　　数：38 千字
版　　次：2014 年 1 月第 1 版　2014 年 1 月第 1 版第 1 次印刷
标准书号：ISBN 978-7-117-18461-8/R·18462
定　　价：15.00 元

打击盗版举报电话：010-59787491　E-mail：WQ @ pmph.com
（凡属印装质量问题请与本社市场营销中心联系退换）

前　言

　　当"雾里看花"成为每日生活的常态，当PM2.5指数频频爆表，雾霾已经成为中国许多地区挥之不去的阴影。正如中国工程院院士钟南山所说，大气污染比"非典"可怕得多，"非典"可以隔离，但是在大气污染中任何人都跑不掉。权威医学杂志《柳叶刀》周刊2012年12月发表的报告说，2010年全球死于空气污染者达到创纪录的320万人，是10年前的4倍，其中120万人来自东亚地区。作为临床医务人员，我们也确切地感受到每年雾霾弥漫的季节，呼吸道疾病患者人数则会呈井喷之势，急剧增加。

　　雾霾与每个人的健康都息息相关，雾霾之下没有人能够自强不"吸"。面对雾霾，每个人都应当科学地认识雾霾、了解雾霾，掌握应对雾霾的方法，尽可能减少雾霾对健康带来的危害。面向公众开展科普知识传播，科学应对雾霾天气显得尤为迫切。为此，我们邀请了多位临床一线的专家撰写了这本科普读物，对雾霾的成因、成分，对不同人群、不同疾病的影响以及科学的防护办法进行了详尽的介绍。各位专家在写作过程中都科学严谨地查阅了大量国内外文献、著作，使每一个论点、每一条建议都查之有据，真正达到普及科学知识的目的。

雾霾归根结底是人类盲目追求经济发展，对大自然肆意开发的恶果，根除雾霾危害需要政府进行顶层设计，正确规划与引导，也需要公众提高公共环保意识，每个人都从小事做起，善待环境、保护自然，才能真正拂去浓雾，畅快呼吸。

高占成

2013年12月

目 录

一、雾霾与PM2.5

二、雾霾天气对人体的影响

三、雾霾天气对不同疾病的影响

四、怎样减少雾霾天气对人体的伤害

一、

雾霾与PM2.5

1. 究竟什么是雾霾

空气中的灰尘、硫酸、硝酸、有机碳氢化合物等粒子使大气混浊、视野模糊，并导致能见度恶化，当水平能见度低于10千米时，将这种非水成物组成的气溶胶系统造成的视程障碍称为霾（haze）或灰霾（dust-haze），我国香港天文台称其为烟霞（haze）。霾与雾的区别在于发生霾时的相对湿度不大，而发生雾时的相对湿度是饱和的。一般来说，相对湿度小于80%时的大气混浊导致的能见度恶化是霾造成的；相对湿度大于90%时的大气混浊导致的能见度恶化是雾造成的；相对湿度介于80%~90%之间时的大气混浊导致

1

的能见度恶化是霾和雾的混合物共同造成的，但其主要成分是霾。霾的厚度比较厚，可达1~3千米。霾与雾、与云不一样，与晴空区之间没有明显的边界。霾粒子的分布比较均匀，而且灰霾粒子比较小，直径从0.001微米到10微米，平均直径在1~2微米，肉眼看不到。由灰尘、硫酸、硝酸等粒子组成的霾，其散射波长较长的光比较多，因而霾看起来呈黄色或橙灰色。

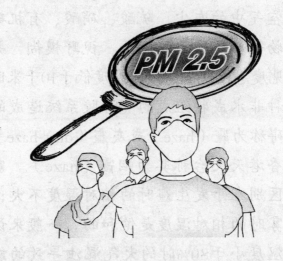

2. 什么是雾

雾（fog）是由大量悬浮在近地面空气

中的微小水滴或冰晶组成的气溶胶系统，是近地面层空气中水汽凝结（或凝华）的产物。雾的存在会降低空气透明度，使能见度恶化。如果目标物的水平能见度降低到1千米以内，就将在近地面空气中悬浮水汽凝结（或凝华）物的天气现象称为雾；而目标物的水平能见度在1~10千米的这种现象称为轻雾或霭（mist）。形成雾时，大气湿度应该是饱和的（如有大量凝结核存在，相对湿度不一定达到100%就可能出现饱和）。就其物理本质而言，雾与云都是空气中水汽凝结（或凝华）的产物，所以雾升高离开地面就成为云，而云降低到地面或移动到高山时就称为雾。一般雾的厚度比较小，常见的辐射雾的厚度从几十米到一两百米。雾和云一样，与晴空区之间有明显的边界。雾滴浓度分布不均匀，而且雾滴的尺度比较大，从几微米到100微米，平均直径在10~20微米，肉眼可以看到空中飘浮的雾滴。液态水或冰晶组成的雾散射的光与波长关系不大，因而雾看起来呈乳白色或青白色。

3

3. 雾和霾之间有什么区别

随着空气质量的恶化，阴霾天气现象出现增多，危害加重。我国不少地区把阴霾天气现象并入雾一起作为灾害性天气预警预报，统称为"雾霾天气"。

雾和霾都是视程障碍物，但二者的形成原因和条件却有很大的差别。雾是浮游在空中的大量微小水滴或冰晶，形成条件要具备较高的水汽饱和因素。出现雾时空气潮湿，空气相对湿度常达100%或接近100%。出现雾时有效水平能见度小于1千米。当有效水平能见度为1~10千米时称为轻雾。雾有随着空气湿度的日变化而出现早晚较常见或加浓，白天相对减轻甚至消失的现象。出现霾时空气则相对干燥，空气相对湿度通常在80%以下。其形成原因是由于大量极细微的尘粒、烟粒、盐粒等均匀地浮游在空中，使有效水平能见度小于10千米。霾的日变化一般不明显。当空气团较稳定，没有大的变化时，霾持续出现的时间较长，有时可持续10天以上。

由于阴霾、轻雾、沙尘暴、扬沙、浮尘、烟雾等天气现象，都是因浮游在空中大量极微细的尘粒或烟粒等影响致使有效水平能见度小于10千米，有时气象专业人员都难以区分，必须结合天气背景、天空状况、空气湿度、颜色、气味及卫星监测等因素来综合分析判断，才能得出正确结论，而且雾和霾的天气现象有时是可以相互转换的。

4. 什么是PM2.5

随着社会对空气环境污染的广泛关注，PM2.5这一名词越来越多地被人们所提及。那么，这究竟是怎样的污染物质呢？PM的英文全称是particulate matter，即颗粒物质。所谓PM2.5就是直径小于或等于2.5微米的颗粒物质。目前我国全国科学技术名词审定委员会召开专家会议，将其正式命名为"细颗粒物"。那么PM2.5究竟有多大呢？我国普通人群的头发直径为70~80微米，细颗粒物的直径仅有头发直径的1/30左右。因此，细颗粒物对我们来说几乎就是"隐形"的啦！

5. 为什么说PM2.5是"隐形杀手"

别看PM2.5的个头很小，却对人体具有很大的破坏性，称它为"隐形杀手"毫不为过。这个小东西可以随风飘荡，从人体的鼻腔"一路杀到"最深处的肺泡。尽管人体已经设置下鼻毛、黏膜、气管纤毛等一道道关卡，但PM2.5凭借它无比高超的"轻功"和得天独厚的"身材"，轻巧地在众多"身材魁梧"的防御屏障之间辗转腾挪，过五关斩六将，毫不客气地沿途烧杀抢掠。目前已知与PM2.5有关的疾病包括鼻窦炎、过敏性疾病、结节病、慢性阻塞性肺疾病、肺癌等，呼吸系统从上到下它几乎都没有放过。科学家们已经发现鼻窦炎患者的鼻黏膜上皮存在大量引发损伤的PM2.5，而肺泡里面沉积的粒子约有96%都是PM2.5。除此之外，由于沉积在肺部的粒子向循环系统转移并引发全身炎症反应，科学家们也发现心肌梗死、心律失常、心力衰竭、动脉粥样硬化、冠心病等心血管疾病均与PM2.5有关。由于PM2.5纤小的身材，人体中很多防御体系竟然对它无可奈何，甚至还能通过鼻腔的嗅神经进入中枢神经系统，导致阿尔茨海默病等。

6. PM2.5从何而来

其实，在人类活动之前，早在自然界中就已经有PM2.5的身影。沙漠扬尘、火山喷发、森林火灾、海盐、花粉、真菌、细菌，都是自然界中PM2.5的来源。当然，这些只占我们日常环境中PM2.5构成的很少部分。随着工业文明的不断发展，PM2.5已越来越多地由人类生产生活所产生。科学研究发现，室外的PM2.5主要来源于化工燃料的燃烧，包括煤、汽油、柴油等。还有一些生活物质的燃料，例如秸秆、木柴以及生活垃圾等，也会在燃烧过程中产生PM2.5。此外，燃烧生成的一些化学物质，例如二氧化硫、氮氧化物、氨气、挥发性有机物，也会在空气中进行化学反应，生成的粒子被称为二次气溶胶粒子。道路的扬尘、施工和工业生产中的粉尘也都是室外PM2.5的来源。早在人们尚未重视PM2.5的2000年，就有研究人员对北京的PM2.5来源进行了分析。他们发现，尘土占了20%，气态污染物转化而来的硫酸盐、硝酸盐和铵盐分别占17%、10%和6%，煤炭产生7%，柴油、汽油等燃烧废气占7%，农作物等生物质贡献6%，植物碎屑贡献1%，而吸烟占了1%。

7. 室内有没有PM2.5

除了室外，室内的PM2.5也值得人们重视，因为人们每天大约有80%的时间是在室内度过的。室内的PM2.5来源主要是吸烟、厨房烟气、装修施工、有机挥发物、室外污染物等。北京大学的研究人员就对北京市的洗浴中心、餐厅、歌厅、网吧等室内公共场所进行了监测，发现室内PM2.5的污染水平主要受吸烟人次密度的影响，室内PM2.5的增加有51.8%是由吸烟所致。首都医科大学的研究人员也对医院室内的PM2.5浓度进行了监测，发现吸烟人员聚集的男厕所中的PM2.5浓度是无烟办公室的4倍左右，大大超过国家规定标准上限。因此，室内PM2.5主要来源是吸烟，而这一指标在国际上已经成为二手烟浓度的客观指标。国外已有研究表明，有吸烟者的室内的颗粒物90%~93%的成分是烟草烟雾。所以，室内的禁烟，特别是对空气流通性差的公共场所严格禁烟，有助于改善室内的空气质量。

8. PM2.5含有哪些成分

PM2.5究竟含有哪些成分，让大家对它闻之色变，唯恐避之不及呢？目前研究已经发现，PM2.5的化学成分包括有机成分（如多环芳烃等）、可溶性成分（无机离子，如 NO_3^-、SO_4^{2-} 等）和微量元素等。

国内的研究人员已经发现，大部分的多

环芳烃、酞酸酯、有机氯农药等有害物质都富集在PM2.5上，其中致癌性最强的多环芳烃甚至高达97%。这种物质是由煤炭和汽油等燃料在不完全燃烧时生成的，具有较高的致畸、致癌和致突变性。由于人类的冬季采暖和工业生产等活动的特点，工业区PM2.5中的多环芳烃明显高于商业区，而且冬季明显高于夏季。这说明这些有害物质的构成具有明显的区域和季节特征。北京大气颗粒物中主要的水溶性离子为NO_3^-、SO_4^{2-}和NH_4^+，而且主要以燃料燃烧产物在空气中反应生成的二次气溶胶粒子为主。此外还有少量的钾离子，是由生物质燃烧而形成的。

此外，PM2.5还含有大量其他元素，例如铝、铁、钙、镁等。其中，铝和铁是地壳来源类元素，多与扬尘有关；钙和镁则是建筑材料的识别元素，说明其是建筑施工所致的颗粒。燃料燃烧、尾气排放、垃圾焚烧、工业排污等行为还会带来诸如砷、锌、铅、硒、钼、铬、镍、铜、钒等金属和非金属元素。有研究表明，这些元素均会导致人体的氧化性损伤，其中的可溶性金属离子是造成细胞氧化性损伤的主要原因，而可溶性的锌则可导致肺细胞损伤。对颗粒物的物理结构研究发现，PM2.5比其他较大直径的颗粒具有更大的比表面积，就是说同等体积下，它的表面积更大。而且这个"小不点"的表面更加凹凸不平，结构比那些"大块头"更加复杂，这就使它具有了更强的物质吸附能力，能够携带更多的有害物质，再加上它的留空时间长，播散距离远，就好像一群武装到牙齿的恐怖分子，悄无声息地把炸弹埋藏到我们身体的最深处，时刻准备引爆。

9. 什么是PM10

如果说PM2.5是一个小弟弟，那么相比之下，PM10就是它的大哥哥了。所谓PM10其实就是直径小于或等于10微米的颗粒物质，而PM2.5归根结底是PM10的一种，只是因为PM2.5对人体具有更大的危害，才将它单独列出进行分析研究和控制、治理。其实，这两种物质的人为来源几乎一样：一方面是燃料的燃烧，例如汽油、柴油、煤炭等，另一方面是道路或工业生产所形成的扬尘。所以从形成原因上讲，两者几乎可以认为是亲兄弟，只是两者形成的来源的侧重点稍有不同。PM10多来源于道路扬尘，因此颗粒体积较大；而PM2.5多来源于燃料燃烧和二次粒子形成，所以颗粒体积较小。北京市环境监测中心做过相关的研究，发现PM10的来源主要为土壤，占总来源的21.3%，而且有明显的季节和地区变化性，例如春季的土壤来源较多，而机动车燃油的排放所占比例则在秋冬季较高。而在距离北京千里之外的兰州市也存在类似的情况，冬春季时PM10的主要来源为地表土和燃煤污染。

由于PM10块头较大，所以完全不能像PM2.5那样来去自如，在空气中很容易沉降，播散距离相对较近，而且很容易被上气道的黏膜和纤毛给拦截，危害人体的重任就只好交给PM2.5来完成了。

尽管如此，PM10的威力仍不可小觑。

同PM2.5一样，PM10也能附着较多的元素，特别是像NO_3^-、SO_4^{2-}和NH_4^+这样的水溶性离子，这两兄弟的携带能力几乎一模一样，甚至连离子浓度的高低顺序都几乎一样：$SO_4^{2-} > NO_3^- > Ca^{2+} > K^+ > NH_4^+ > Cl^- > Na^+ > Mg^{2+}$。但是如果进行细致的比较，仍可以发现这些水溶性离子更容易附着在更加细小的PM2.5上。PM2.5和PM10中，其他一些有害物质的含量则具有一定的差别。除了钒和铅元素，PM2.5中砷、锌、硒、钼、铬、镍、铜、铬的含量明显高于PM10。这是因为直径较大的PM10为源自尘土之中直接形成的颗粒，所以表面比较光滑，结构简单，而且在同等体积下表面积较小，不易附着其他元素。但PM2.5就不同，由于主要来源于燃料燃烧和二次粒子的形成，所以表面起伏不平，结构也更加复杂。加上同等体积下，PM2.5具有更大的表面积，这就意味着会有更多的元素附着在表面，大大增加了它的威力。除此之外，室内的PM10来源也和PM2.5相似，主要是吸烟和厨房油烟等。

二、

雾霾天气对人体的影响

　　雾霾天气源于人为性环境的恶化，是所在地居住人群的"健康杀手"，尤其是有呼吸道疾病和心血管疾病的老人，雾霾天气最好不出门，更不宜晨练，否则可能诱发疾病或加重病情，甚至引起心脏病发作，危及生命。

1. 雾霾天气为什么会对人体造成伤害

　　雾霾天气中的颗粒物、二氧化硫（SO_2）、二氧化氮（NO_2）等大气污染物会对人体健康产生影响。在各种大气污染物中，颗粒物与人体健康的关系最为密切。颗粒物不仅能直接对人体造成损害，还能作为细菌、病毒、重金属和有机化合物的载体伤害人体健康。大气污染物既可直接引起肺损伤，也可以随血流进入机体其他系统，引起心血管等其他系统的损伤。

　　（1）呼吸系统损伤：大气污染物可刺激呼吸道引起黏液分泌增多、支气管壁增厚、支气管痉挛、气道阻力增加和肺通气功能降低。颗粒物破坏体内免疫平衡，一方面增加人体感染呼吸系统疾病的机会，另一方面增强机体对过敏物质的反应性，导致过敏性炎症和支气管哮喘的加重。细颗粒物中的可溶性部分可直接造成肺毒性，而不可溶性部分会引起

免疫反应，导致体内炎症因子大量增加并超过
机体清除能力。短期及长期暴露在大气污染中
的研究表明，炎症是大气污染物对人体呼吸系
统损害的主要机制。肺部炎症主要通过两条途
径产生，分别是氧化应激和免疫反应，也可通
过促进细胞死亡等其他途径影响呼吸系统。

　　氧化应激：人离开了氧不能存活，但氧
也有对人体有害的一面。人体代谢可以产生一
种叫氧自由基的成分，氧自由基很不稳定，会
攻击人体细胞从而损害健康。人体内也有抗氧
化的成分来清除氧自由基避免这样的损害。但
当受到大气污染物等有害刺激时，人体内会产
生更多的氧自由基，当氧自由基超过机体清除
能力的时候，氧化和抗氧化就会失去平衡，
由此产生的负面效应叫做氧化应激。PM10、
SO_2、NO_2都可以作为潜在的氧化剂产生氧自
由基引发氧化应激反应。PM2.5表面富含的
铁、铜、锌、锰等金属及多环芳烃、脂多糖
和超细颗粒物本身就可增加肺脏活性氧，同
时耗竭抗氧化物成分而引起氧化应激。而超
细颗粒物因为数量多、表面积大，能引起比

PM2.5更严重的氧化应激和炎症反应。活性氧形成后可促使生成更多的氧自由基，当氧化应激反应过强时不仅会启动、增强炎症反应，还会产生细胞毒性，导致细胞内的DNA断裂并破坏DNA损伤修复系统，启动细胞死亡的程序，破坏细胞膜的正常结构，并导致机体对有害物质的清除能力下降。

免疫反应：免疫反应是肺部炎症产生的另一重要途径。雾霾天气中的颗粒物吸入后沿鼻、咽、气管向各级支气管、肺泡扩散，其中粗颗粒物大部分沉积在气管和大的支气管，细颗粒物可经支气管到达直径更小的气道，超细颗粒物可扩散进入肺泡腔进而经血液循环进入体内各脏器。人体的呼吸道黏膜作为抵抗吸入颗粒物损害的第一道屏障，通过气道表面的纤毛运动、黏液分泌来阻挡颗粒物的侵害。但直径较小或部位较深的颗粒不能被黏膜防御系统清除，这时肺内一类叫做巨噬细胞的细胞会建起第二道防线，可以对颗粒物、细菌等有害物质进行吞噬，保护肺脏避免其有害刺激，同时把有害物质的信息传递给人体的其他免疫细胞，激活人体更强的免疫反应。然而，当颗粒物浓度超过巨噬细胞吞噬负荷后，会对巨噬细胞的吞噬和聚集功能产生不可逆损害，使巨噬细胞丧失保护作用。颗粒物还可能进一步损伤肺内巨噬细胞吞噬细菌清除能力，抑制巨噬细胞参与的免疫反应，导致人体更容易罹患呼吸道感染。雾霾中的颗粒物还可以刺激人体释放各种炎症细胞因子，当肺部炎症反应持续存在时，会导致肺组织损伤。这些炎症细胞因子不仅引起肺局部的炎症反应，还可进入血液循环引起其他器官损伤。颗粒物中所包含的细菌成分、真菌孢子及花粉等也在炎症反应中起重要作用。

（2）心血管系统损伤：颗粒物对心血管系统的影响是全身性损伤的一部分，与其他系统损伤相互关联。致病机制包括以下3条途径：①肺内细胞释放的炎症细胞因子进入血液循环诱发血管内皮细胞损伤；②干扰心脏自主神经的调节，导致心率和血压波动，使心脏电传导出现改变；③颗粒物中的可溶性成分，如金属和有机物质，直接进入循环系统，产生自由基，并作用于脂类、蛋白质及DNA，引起血管内皮细胞的氧化应激损伤，改变血管内皮功能和血管张力，参与动脉粥样硬化及血管运动功能受损等病理过程。短期与长期吸入颗粒物可以增加循环中的组胺、炎症细胞因子，引起淋巴细胞水平下降，中性粒细胞升高，血细胞比容上升，炎症反应蛋白上升，同时降低抗凝物质表达及活力，使血液处于高凝状态，促进血栓形成。大气污染物还可以直接引起人体血管收缩，诱发存在基础心脏疾病的患者患病。

（3）其他机制：①颗粒物中含有的二噁烷、苯并芘等物质具有致癌作用；②颗粒物中的铁、铜、锌、锰、镍、铬、铅等重金属因为其累积性和不可降解性，可诱导基因突变导致肿瘤发生，对呼吸系统、消化系统、免疫系统、生殖系统和神经系统等目标脏器产生影响；③颗粒物进入血液后，会吸附更多的重金属离子和有机物，在体内滞留更长的时间，从而加剧对机体的损害。

2. 雾霾天气会对人体造成怎样的伤害

　　雾霾天气是否会对人体产生伤害与吸入大气污染物的量、颗粒物大小及人体代谢相关。大气污染物对人体的健康影响分为急性作用和慢性作用两种，产生亚健康、患病到死亡等一系列效应。急性作用指高浓度大气污染物在短期内引起的身体不适和中毒症状，表现为疾病住院率、急诊就诊率和死亡率在短期内升高，但这种急性作用有时也存在滞后效应，可能不会立刻体现出来，不同疾病滞后时间不同，呼吸系统疾病死亡率增加在数天后才会出现，而住院率和急诊就诊率增加出现相对较早。有研究发现，PM10对心血管疾病死亡影响最大的时间会滞后2天，而心血管系统和呼吸系统疾病的滞后效应也存在差异。慢性作用指人体在相对低浓度的大气污染物长期作用下引起的慢性危害，表现为长时间暴露后疾病的发病率和死亡率增加。

历史上曾出现过多次大气污染物引起的急性危害事件，如伦敦烟雾事件、洛杉矶光化学烟雾事件等，对人体健康产生严重损害甚至引起死亡。流行病学调查发现，雾霾天气中的大气污染物会引起人群死亡率增加，短期或长期暴露均可对人体健康产生危害，对有糖尿病、缺血性心脏病、支气管哮喘和慢性阻塞性肺疾病（COPD）等基础疾病的患者危害更大，危害可累及呼吸系统、心血管系统、神经系统和血液系统等，其中对呼吸系统和心血管系统影响最大。另外，即使很低污染水平仍可观察到大气污染物对人健康的影响，因此目前尚不能确定大气污染物对人体健康不产生影响的浓度阈值。

（1）对呼吸系统的影响：流行病学调查显示，大气污染物对呼吸系统疾病的发病和死亡存在短期和长期的影响。大气污染物对呼吸系统的急性效应包括肺功能下降、呼吸道症状加剧、慢性阻塞性肺疾病（COPD）急性加重、感染增多以及呼吸系统疾病的死亡率增加。既往研究提示，空气中颗粒物（PM10或PM2.5）浓度每升高10微克/立方米，呼吸系统疾病的死亡风险升高约1%，而呼吸系统疾病的住院率和急诊就诊率会升高2%~3%。美国的研究表明，PM10每增加10微克/立方米，COPD住院率增加1.47%，肺炎住院率增加0.84%；PM2.5每增加10微克/立方米，肺心病的死亡风险增加6%。欧洲近期的一项研究显示，PM10浓度每增加10微克/立方米，呼吸道疾病的住院率增加0.59%，COPD住院率增加0.67%，下呼吸道感染住院率增加1.91%，呼吸道疾病死亡率增加3.95%，其中医院外的病死风险比医院内高得多。PM2.5不仅与儿童哮喘发病率、急诊就诊率和住院率增加有关，还与成人哮喘相关，而且可以增加COPD患者的首次住院率。PM2.5还与肺癌的死亡率相关，其浓度每增加10微克/立方米，肺癌的死亡率增加15%~27%。流行病学调查显示，PM0.1对肺功能的影响比PM2.5更大。除颗粒物以外，国内研究发现，SO_2、NO_2日均浓度的增加也会导致呼吸系统疾病急诊就诊率增加。空气中NO_2和O_3每增加10微克/立方米，儿童中哮喘急性加重的发生率分别增加3%~6%和5%~6%。空气中NO_2浓度的升高也会增加呼吸系统疾病的住院率和死亡率，且作用更强、持续时间更长，影响甚至超过PM10。

（2）对心血管系统的影响：PM2.5可增加缺血性心脏病、心力衰竭和缺血性卒中等心脑血管疾病的发病率、死亡率及住院率。多项研究显示，日平均PM2.5浓度增加10微克/立方米，心血管疾病的死亡率增加3%~76%。北京市的数据提示，空气中SO_2、NO_2和PM10浓度每升高10微克/立方米，心脑血管疾病死亡危险性分别增加0.4%、1.3%和0.4%。短期吸入细颗粒物可促进动脉血栓形成，增加心血管病患者死亡的风险。短期或长期吸入颗粒物均与心率和血压波动相关，可引起心肌自主节律性改变，增加心律失常发作的风险。流行病学研究发现PM0.01~0.1、PM0.1~1.0、PM2.5与冠心病患者心电图缺血改变的危险度明显相关，且颗粒物越小其影响越大。此外，大气污染物的长期暴露还与心力衰竭、心脏骤停的风险升高有关。

（3）对皮肤的影响：雾霾天气时，大气中所含的物质包含有毒的酸性物质，除会对呼吸系统和心血管等健康问题造成影响外，也会对皮肤产生很大的刺激，引发一系列的皮肤问题。可吸入颗粒物会阻碍皮肤的正常呼吸与排毒，这些吸附在皮肤上的物质会侵蚀皮肤、滋生细菌。当空气中可悬浮颗粒含量比较高或是在连续的雾霾天气中，就很容易引发皮炎、皮肤敏感等状况，如不及时清洁肌肤，将会造成皮炎、面色晦暗，肌肤受损加倍。

（4）不同污染物对人体的损害：大气污染物中的不同组分可引起不同的症状和疾病。除上述主要提到的颗粒物引起心肺为主的疾病以外，SO_2吸入可引起心悸、呼吸困难等症状，重者可引起喉头水肿、窒息，SO_2在空气中氧化形成的酸雾对皮肤、眼结膜、鼻黏膜、咽喉均有强烈刺激和损害；NO_2可引起肺水肿，还可造成神经系统及血液系统损害；一氧化碳（CO）可引起头痛、头晕、记忆力下降和严重缺氧；O_3可导致黏膜刺激症状、肺功能下降及意识障碍等；硫化氢会刺激皮肤黏膜引起眼结膜炎、角膜炎，严重时影响视力，急性中毒时导致中枢神经系统症状；氰化物吸入轻者有黏膜刺激症状，重者会出现意识障碍、强直性痉挛、低血压及呼吸衰竭，并可遗留神经系统后遗症；氟化物可对骨骼、血液系统、神经系统、牙齿及皮肤黏膜等造成损害；氯可通过呼吸道和皮肤黏膜对人体造成损害，高浓度会引起肺内化学烧伤而死亡。大气污染物中的重金属可对人体不同的器官造成损伤，镉中毒可引起肺癌、肝肾病变、骨骼软化和胎儿畸形；铬中毒可引起呼吸系统肿瘤、肾损害及慢性组织坏死；铅中毒可引起脑卒中、尿毒症、胃肠炎、心血管疾病、畸形和肿瘤；铜中毒可引起肺癌、肝大、肾脏病变、呼吸道炎症和中枢神经系统受损；锰中毒可引起中枢神经系统受损和肿瘤；镍中毒可引起肺癌、口腔癌、鼻咽癌及直肠癌；汞中毒可引起肾脏病变、胎儿畸形、中枢神经系统受损、化学性肺炎、冠心病及高血压等。大气污染物中的一些非金属物质也有与重金属相似的毒性，砷中毒可引起肝肾病变、肺癌、膀胱癌、皮肤癌、血管及心脏病变；硒中毒可引起神经过敏、脱发、贫血、指甲变形、肝肾病变等。

3. 雾霾天气对儿童有哪些影响

（1）增加儿童过敏性疾病的患病率：

27

雾霾含有的多种颗粒都是严重的过敏原和感染源，对儿童的呼吸道黏膜刺激非常大，容易引起如喘息、支气管哮喘等呼吸系统过敏性疾病。颗粒物污染可以介导过敏性炎症，提高气道超敏反应。国外的一些流行病调查发现，近年来工业化国家空气污染严重的地区儿童过敏性疾病的患病率升高。美国的一项研究显示，大气中PM10浓度上升10微克/立方米，儿童哮喘的就诊率随之增加3%~6%。雾霾中的一项重要成分NO_X，尤其是NO_2可直接侵入肺泡内巨噬细胞，释放蛋白分解酶，破坏肺泡。国外研究显示，NO_2每升高10毫克/立方米，儿童喘息

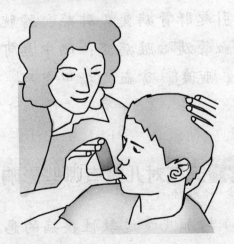

发作的危险性增加1.16倍，SO$_2$每升高10毫克/立方米，儿童喘息发作的危险性增加1.08倍。

（2）影响儿童免疫功能：大气污染还可使儿童机体免疫监视功能低下，导致机体对感染其他疾病的抵抗力降低。长期生活在大气污染环境中的儿童在未出现临床症状前，机体免疫功能已有不同程度的降低。有研究者对国内某市随机抽取的300名小学生进行了免疫功能的测定，发现大气污染对儿童非特异性免疫功能的影响与年龄、接触污染物的时间和浓度有明显的正相关关系。

（3）影响儿童肺功能发育：雾霾可导致青春期儿童肺功能发育迟缓。国外研究发现，儿童肺功能的显著降低与暴露于酸性气体、NO$_2$和PM2.5等有关。酸性气体暴露下，最大中期流速（PEFR）的平均年增长率和1秒末呼气流速（FEV$_1$）分别下降11%和5%，最大中期流速与用力肺活量的比值也相应减少。但也有报道，长期暴露于大气污染较重环境中的儿童，其反映大气道功能的肺活量指标——用力肺活量（FVC）、FEV$_1$，以及PEFR未见明显改变，说明大气污染对儿童肺功能的影响主要发生在小气道。造成小气道功能显著受损的原因是儿童的支气管相对较直，有利于直径<5微米的细小颗粒物进入细支气管和肺泡滞留，从而增加了黏膜受损的机会。

（4）影响儿童钙质吸收：雾霾天气还会因紫外线照射不足导致儿童缺钙。众所周知，人体所需的维生素D大部分都需要靠晒太阳来获得，维生素D可以促进人体肠道及肾脏对钙、磷的吸收，对骨骼钙的动员，使骨骼中破骨细胞和成骨细胞以最佳活性状态参与到骨骼的新陈代谢中去。维生素D获取不足，就会影响钙质的吸收，导致儿童缺钙。成长中的孩子对钙的需求迫切，但在雾霾天气里日照少，紫外线照射不足，容易导致儿童维生素D缺乏，钙的摄入也会随着减少，进而影响骨骼生长，甚至会引起儿童生长减慢和婴儿佝偻病。

4. 雾霾天气对老年人有哪些影响

　　雾霾含有的多种有害颗粒都对老年人的呼吸道黏膜刺激非常大，容易引起如支气管哮喘、肺炎等呼吸系统疾病，还会阻碍血液循环，导致心血管病、高血压、脑出血等。环境中PM2.5浓度每增加10微克/立方米，因心血管疾病死亡的风险增加12%。PM2.5每增加10微克/立方米，循环系统疾病和呼吸系统疾病的患者急诊数量分别增长0.5%~1%。国内研究结果表明，严重的大气污染与老年人总死亡率、慢性阻塞性肺疾病、冠心病、心血管疾病的死亡率存在着明显的联系。

　　（1）对老年人呼吸系统的影响：雾天的时候，水汽含量非常高，如果老人在户外活动和运动，可发生胸闷、血压升高。与雾相比，霾的危害更大。霾组成成分中的硫酸盐、二氧化硫、大气污染物以及携带的各种细菌和病毒易侵入老年人呼吸道，使呼吸系统的防御功能降低，造成呼吸不畅、胸闷、干咳、咽干咽痒等不适。由于霾中细小粉粒状的飘浮颗粒物直径一般在0.01微米以下，可以直接通过上呼吸道进入支气管、细支气管，甚至肺泡。患有慢性阻塞性肺疾病的老年人吸入这些有害颗粒，肺部就会产生异常炎症反应。此外，有害颗粒刺激支气管、细支气管强力收缩和分泌物增多，导致气道阻塞加重，使得慢性阻塞性肺疾病复发或急性加重。

（2）对老年人心血管系统的影响：雾霾还会影响老年人的心血管系统。雾霾中含有大量的粉尘颗粒，会使空气变得干燥，长期待在这样的环境中，体内的水分快速流失，会使老年人的血液黏稠度迅速升高，导致血管紧张性改变，使其易患心血管疾病，并可诱发冠心病发作。此外，呼吸道感染、发热、气体交换不良和肺功能损害可导致缺氧，造成原本供血不足的心肌进一步缺血、缺氧，诱发心绞痛发作、心肌梗死或心力衰竭。另外，空气中SO_2、NO_2和CO的增加能促发老年人心律失常，加重心力衰竭，引起缺血性心血管疾病的发生。长期生活在污染严重的城市环境中，人的平均寿命可缩短1.8~3.1年，其中心血管因素占发病和死亡原因的主要部分。

（3）增加老年人肺癌的发生率：随着雾霾发生的增加，肺癌的发病率也逐年增加。与10年前相比，目前肺癌的发病率几乎翻了一倍；每4个因癌症死亡者中，就有1人死于肺癌。更严重的是，现在非吸烟而患肺癌的女性比例越来越高，较10年前约上升了20%。肺癌发病率迅速上升，空气污染难辞其咎。一方面，雾霾中包含着大量致癌物质，这些物质被人体吸入后，就种下了肺癌的"种子"。另一方面，雾霾中的过敏原、感染源易引起老年人肺反复发炎，诱导癌变。广州海洋气象研究所的监测和研究显示，从20世纪50年代到现在，有霾的天数持续增加几年后，人群中肺癌的发病率就会相应增加，且其影响会持续大概二三十年的时间。

（4）对老年人心理健康的影响：出现雾霾天气时，天空灰蒙蒙，能见度下降，周围大气环境中悬浮着无数的黑炭、粉尘等颗粒物。空气污染严重的时候，人会变得压抑、郁闷、情绪低落，易引起灰暗心理。尤其是老年人心理脆弱，在这种天气里会感觉压力比较大，精神会更加紧张，情绪更忧郁。

（5）对老年人晨练的影响："一年之计在于春，一日之计在于晨"。在方兴未艾的全民健身浪潮中，晨练以其独特的魅力吸引着成千上万的群众，特别老年人是晨练活动的主力军，晨练能改善神经系统、运动系统的功能，提高呼吸系统的能力，提高和改善循环系统的功能。居住在城市的老年人，不少都喜欢晨练。人们常常认为一天之中早晨的空气最新鲜，是锻炼的最佳时间，而事实上却不尽然。一般，冬季的早晨和傍晚，在无风的天气条件下空气污染最为严重。长时间吸入空气中的凝结核和污染物质，对人的肺部正常呼吸威胁很大，使人容易患上肺癌之类的疾病。另外，在污染严重的雾霾天里进行晨练或户外活动会加速血液循环，使人体更容易吸收空气中的各种病菌，危害人体健康。

5. 雾霾天气对孕妇有哪些影响

对于抵抗力相对低下的孕妇来说，长期生活在雾霾环境中不仅呼吸系统、心血管系统会受到影响，免疫力降低，神经系统和生殖系统也会受到危害，甚至会造成新生儿低体重、早产等。

对接触高浓度PM2.5的孕妇的研究表明，高浓度的细颗粒物污染可能会影响胚胎的发育，造成胎儿低出生体重和小头围。美国曾经有一项研究，对每位孕妇周围环境的48小时空气样本进行采集，白天采用便携式空气监测器，夜间则把空气监测器置于床边。这是首次针对孕期空气污染对胎儿预后影响的试验研究。结果显示，生活在空气污染较为严重的环境下的孕妇娩出的宝宝出生体重降低9%，头围减小2%，而空气相对较好

的孕妇们娩出的宝宝则没有明显的变化。另外，雾霾天气还可影响孕妇钙质吸收，进而对胎儿的生长构成威胁。因此，准妈妈在雾霾天气里应做好防护工作。

三、

雾霾天气对不同疾病的影响

1. 雾霾天气对上呼吸道疾病有何影响

呼吸系统顾名思义，就是我们用来呼吸空气并进行气体交换的器官，包括鼻、咽、喉、气管、支气管及其分支以及肺，是气体进出身体的要道。声门以上的呼吸道称为上呼吸道，包括鼻、咽、喉；声门以下即气管、主支气管及肺内的各级支气管、远端肺泡称为下呼吸道。在雾霾天气，空气中悬浮的大量有害颗粒首当其冲影响的就是呼吸系统。

上呼吸道尤其是鼻部是气体进入体内的

第一道屏障，具有调节吸入空气温度、湿度及过滤清洁的作用，可以保护下呼吸道免受或少受微生物及其他有害物质侵袭。鼻毛可以阻挡较大颗粒的进入，而鼻甲的形状则使许多颗粒直接撞击在黏膜上或因重力而沉积在黏膜上。鼻咽部黏膜表面覆盖着纤毛上皮细胞，在每个细胞的顶端都长有能摆动的纤毛，纤毛顶端覆盖着一层黏液，随着纤毛有节律性的摆动，可以将黏液层和附着于其上的灰尘和细菌等异物排出。因此，直径大于10微米的颗粒几乎完全滞留在鼻腔中。雾霾天气中大量的粗颗粒物直接刺激鼻腔黏膜，造成鼻腔黏膜充血、肿胀，引起鼻塞、流涕等上呼吸道刺激症状。一旦鼻腔黏膜肿胀，阻塞鼻腔，气体不能从鼻腔吸入，则只能张口呼吸。喉咽黏膜表面没有纤毛上皮细胞。污浊的气体越过鼻腔这道天然防线，不经湿化和过滤，直接刺激咽喉部，就会引起咽干、咽痛、声音嘶哑、咳嗽等症状。

吸入气中含有的浓度较高的粗颗粒物及刺激性物质，如二氧化硫（SO_2）等，还可以损害鼻咽部的黏膜功能，影响纤毛的运动，降低呼吸道的防御功能。同时，雾霾时空气颗粒中还吸附有多种致病微生物，各种细菌及真菌等微生物数量较无雾霾天气增加2~8倍，容易引发咽喉炎、鼻窦炎等上呼吸道感染性疾病。

雾霾天气中的颗粒物吸附的真菌孢子等还是重要的过敏原，患有过敏性鼻炎的患者在雾霾天气吸入带有过敏原的颗粒物，就可出现打喷嚏、流鼻涕等过敏性症状。

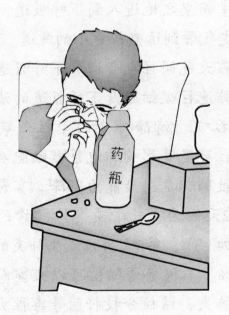

2. 雾霾天气对下呼吸道疾病有何影响

　　正常情况下，经过上呼吸道的加温、加湿和过滤作用，进入到下呼吸道的气体应该是温湿度适宜，基本无菌的。雾霾天气下，由于上呼吸道正常屏障功能受到破坏，下呼吸道容易受到干冷空气的刺激，大量的有毒物质、病菌、过敏原就吸附在直径较小的颗粒物上堂而皇之地进入到下呼吸道。细颗粒物可经支气管到达直径更小的气道。

　　雾霾天气同样也会增加下呼吸道感染发生率。肺泡巨噬细胞是下呼吸道的清道夫，可参与吞噬、清除外来的尘粒或病原体。沙尘颗粒可显著影响肺泡巨噬细胞功能及寿命，导致肺部抗感染能力下降。雾霾天气发生后第2天因为支气管炎急诊就诊的患者人数可增加3.5%，第5天男性发生肺炎的几率可增加20%。不仅普通细菌可以乘虚而入导致细菌性肺炎，结核分枝杆菌等毒性更强的病原体也可侵入到下呼吸道，导致肺结核等严重感染性疾病。

而对于原本就患有慢性呼吸系统疾病的患者，下呼吸道感染可引发原有疾病的加重。慢性阻塞性肺疾病是一种因为吸入各种有毒颗粒或气体引起的慢性肺脏疾病，导致慢性支气管炎和肺组织破坏形成肺气肿，出现慢性咳嗽、咳痰、活动后气短为主的症状，一旦发病，难以逆转。慢性阻塞性肺疾病患者的气道存在长期的慢性炎症反应，气道黏膜清除异物的功能下降，呼吸道局部的防御及免疫功能减弱，雾霾天气接触有害颗粒后，容易并发下呼吸道感染进而导致原有病情的急性加重，可以出现严重的呼吸功能衰竭和心脏功能衰竭，甚至导致死亡。

除了呼吸系统感染性疾病外，过敏性疾病如支气管哮喘患者也容易受到雾霾天气的影响出现病情加重。在夏天污染最重的时间，儿童哮喘急性加重发生频率可增加40%。我国台湾有研究表明，PM10的浓度每增加28微克/立方米，哮喘入院率增加

4.48%。韩国研究也表明，PM10浓度增加与哮喘患者峰流速（PEFR）变异率增加（大于20%）、平均PEFR下降及夜间症状增加显著相关。其原因也与雾霾天气大量颗粒物中吸附的真菌孢子等过敏原和有害病菌有关。

PM2.5提取物还具有诱变、致癌的毒性作用，因此长期吸入污染颗粒还有潜在的致癌作用。《2012中国肿瘤登记年报》数据表明，每年新发肿瘤病例约为312万例，平均每天约8550人，全国每分钟有6人被诊断为癌症。其中，居全国恶性肿瘤发病第一位的是肺癌，居全国恶性肿瘤死亡第一位的仍是肺癌。2001~2010年，北京市肺癌发病率增长了56%。新发癌症患者中有五分之一为肺癌患者。北京、上海、沈阳等大城市肺癌发病率远高于农村地区，空气污染的作用不容小觑。可以明确地预计在未来的几十年内，我国肺癌的发病率和死亡率仍将继续保持快速上升的趋势。

呼吸系统是受到雾霾天气影响最大也是最直接的器官，在雾霾天气时应尽量减少户外活动，在室内关闭门窗，出门时应当佩戴口罩，保护呼吸系统免受有害颗粒的侵袭。

3. 雾霾天气对心血管疾病有何影响

多项人群调查显示，雾霾中的颗粒物质（PM）可导致全因死亡率增加，其中三分之二源自对心血管疾病的影响，包括长期效应及短期效应。

（1）长期的心血管效应：早在1993年，一项美国在6个城市长达18年的调查结果显示，与污染最轻的城市相比较，雾霾污染最严重的城市人群校正死亡率增加29%，PM污染与心肺疾病死亡率呈正相关。而后，涉及151城市的大范围调查结果显示，与污染最轻城市相比，污染最严重城市市民全因死亡率增加17%，心肺疾病死亡率增加尤其显著，达到31%。平均PM2.5每增加10微克/立方米心肺疾病死亡率增加9%。PM每增加10微克/立方米，缺血性心血管疾病死亡率增加18%，心律失常、充血性心力衰竭及心脏骤停死亡率增加13%。

2007年，美国对65 000名无吸烟史的绝经后妇女进行调查，结果显示经6年PM暴露，使心血管事件发生率增加24%，平均PM2.5每增加10微克/立方米，心血管疾病死亡率增加76%。

类似的研究并不局限于美国，在新西兰、瑞典等地区都有报道显示，PM暴露增加与心血管发生率及死亡率增加密切相关。

另外，关于PM暴露降低对心血管事件的影响也有相应研究。爱尔兰1990年禁止买卖含沥青的煤炭以来，黑烟浓度降低35.6微克/立方米的同时，该地区呼吸与心血管疾病标准化死亡率分别降低15.5%和10.3%。如果从PM含量高的地区搬至PM含量低的地区，PM2.5每降低10微克/立方米，全因死亡率可降低27%。

（2）短期的心血管效应：2001年有研究数据显示：PM10每增加10微克/立方米，充血性心力衰竭及缺血性心脏病患者的住院比例分别增加0.8%和0.7%。2006年有研究数据显示：PM2.5每增加10微克/立方米，缺血性心脏病及充血性心力衰竭入院率分别增加0.44%和1.28%。另一项研究表明，PM2.5每增加10微克/立方米，急性缺血性冠脉事件可增加4.5%。美国国家发病率、死亡率与空气污染研究（NMMAPS）显示：PM10每增加10微克/立方米，全因死亡率及心肺血管疾病死亡率分别增加0.5%和0.7%。另外，这种短期死亡率增加不仅限于重症患者，大部分都是有危险因素的个体。

（3）PM对心血管疾病的作用机制：通过大量动物及人体研究，我们了解到PM的影响可分为急性作用、早期作用及晚期作用。

PM的急性心血管作用包括暴露后立刻出现血管收缩及动脉僵硬；急性暴露2小时后即可出现舒张压及平均动脉压升高；ST段压低等心肌缺血表现；心率变异度减低，心律失常增加。

早期心血管作用包括：血管内皮舒缩功能受损，尤其在糖尿病患者中；氧化应激；血栓形成及内源性纤溶降低。

晚期心血管作用包括：动脉粥样硬化、系统性炎症。

人类研究显示，IL-6和CRP等炎症因子的升高与急性心肌梗死的发病密切相关。糖尿病患者在PM10暴露2天后，IL-6和TNF-α升高。PM2.5暴露与CRP升高相关。许多研究者均发现，在燃烧物和有机物PM10暴露后CRP会升高。

PM的急性暴露可导致凝血及血小板活化，为PM与冠心病之间关系密切提供了依据。专家认为，纤维蛋白原是心血管疾病的重要危险因素。PM10与纤维蛋白原水平的升高及心肌梗死相关。其他促凝物质如血浆酶原激活酶抑制因子-1（PAI-1）也与PM暴露增加相关。柴油机废气颗粒在气管内滴定可导致仓鼠血小板激活以及血栓快速形成。进一步研究表明，小颗粒物质可移位至血液并引发促血栓作用。一过性PM10暴露可引起2小时内出现血小板聚集增加，V-W因子和Ⅷ因子增加，提示血管内皮系统激活。

动脉粥样硬化斑块是冠心病产生、发

展的中心环节，而系统性炎症与氧化应激是粥样硬化斑块形成及进展的重要步骤。短期暴露于PM可导致血压升高，血管收缩，血管紧张度改变，也可导致粥样斑块破裂。另外，血小板激活加强，血液更加容易凝集，血管内皮舒缩功能受损，内源性纤溶功能降低，最终可导致冠状动脉血管阻塞、发生急性心肌梗死。另外，由于PM暴露改变了自主神经系统对心律的影响，患者易在急性心肌梗死时并发室颤。综上所述，PM暴露可导致急性心肌梗死、心力衰竭、心律失常等各种心血管疾病发生率及死亡率增加。

4. 雾霾天气对脑血管疾病有何影响

缺血性脑血管病和心血管病有共同的危险因素、特征及病理生理机制。然而颗粒物质（PM）与脑卒中的关系并不如心血管疾病那样明晰。一项对美国城市空气质量的数据回顾性分析显示，环境PM10每增加10微克/立方米，脑血管事件住院风险增加0.8%。

疗养院的数据显示，环境PM10每增加10微克/立方米，缺血性脑卒中入院率增加1.03%。还有其他研究发现，PM2.5增加5.2微克/立方米，缺血性卒中及短暂性缺血发作（TIA）的风险增加3%。法国一项研究显示，空气中臭氧及PM10增加与缺血性脑卒中相关，但与出血性脑卒中无关。另一些在普通人群的前瞻性大规模多中心研究并未发现PM2.5暴露与缺血性卒中的关系。但是进一步分析发现，PM暴露的糖尿病患者卒中风险增加11%。

卒中是一种多因素影响的疾病，包括遗传因素以及环境因素。卒中与氮氧化物浓度有显著相关性。另外，卒中前48小时一氧化碳（CO）、二氧化硫（SO_2）、氮氧化物、

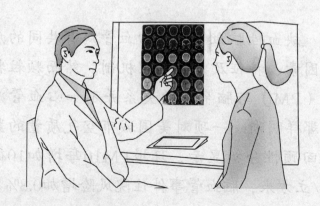

温度及湿度均与卒中入院率显著相关。一项大型交互病例-对照研究显示，氮氧化物及CO与脑血管疾病相关，但颗粒物质与之无相关性。

四、

怎样减少雾霾天气对人体的伤害

1. 戴什么口罩

口罩的过滤材质必须针对细小颗粒的粉尘。

（1）防护口罩

1）符合我国GB 2626—2006《呼吸防护用品自吸过滤式防颗粒物呼吸器》标准的防护口罩，都是针对细小颗粒的。按性能分为KN和KP两类，KN类只适用于过滤非油性颗粒物，KP类适用于过滤油性和非油性颗粒物。

KN系列

KN100：对于0.075微米以上的非油性颗

粒物过滤效率大于99.97%。

KN95：对于0.075微米以上的非油性颗粒物过滤效率大于95%。

KN90：对于0.075微米以上的非油性颗粒物过滤效率大于90%。

KP系列

KP100：对于0.185微米以上的油性颗粒物过滤效率大于99.97%。

KP95：对于0.185微米以上的油性颗粒物过滤效率大于95%。

KP90：对于0.185微米以上的油性颗粒物过滤效率大于90%。

其中，KN90针对0.3微米的粉尘，在空气流量为85升/分钟时，所检测到口罩的过滤效率为90%以上。因此，如果是KN90的产品，其针对PM2.5（2.5微米的粉尘）过滤效率远远超过90%，一般都会达到98%~99%的实际过滤效率。

2）符合美国国家职业安全与健康研究院（NIOSH）粉尘类呼吸防护新标准42CFR84的防护口罩根据滤料分为N、P、R三类。

N系列：可用来防护非油性悬浮微粒，无时限。

R系列：可用来防护非油性及含油性悬浮微粒，时限8小时。

P系列：可用来防护非油性及含油性悬浮微粒，无时限。

按滤网材质的最低过滤效率，又可将口罩分为下列三种等级：

95等级：表示最低过滤效率为95%。

99等级：表示最低过滤效率为99%。

100等级：表示最低过滤效率为99.97%。

其中，N95口罩所用的材料因厂家的不同而有所不同，有的是用丙纶纺粘无纺布作为内外保护层，丙纶超细熔喷无纺布作为中间层，也有采用静电滤棉作为中间层的。这些材料可以过滤直径为0.1~0.5微米的氯化钠气溶胶，过滤率在95%以上。N95能有效滤过大气中对人体健康造成威胁的直径为10微米以下的可吸入颗粒物（PM10），尤其是PM2.5。

（2）医用无纺布口罩：医用无纺布口罩滤料的厚度通常很薄。它分为3层，外层具有防飞沫设计，中层过滤，内层吸湿，大大降低了使用者的呼吸阻力，保护使用者免受飞沫的喷溅。无纺布口罩对细菌的过滤率可达到95%以上，但对颗粒物的过滤率只有30%左右，因为这种口罩的边缘并非契合脸形设计，大多数情况下只能起到遮挡作用，却并不适用于抵挡空气中的PM2.5。

（3）纱布口罩：纱布口罩利用机械过滤，当粉尘冲撞到纱布时，经过层层的阻隔，会将一些大颗粒的粉尘阻隔在纱布中，但一些微细粉尘，尤其是粒径小于5微米的粉尘（PM5），往往会从纱布的网眼中穿过去，进入呼吸系统。实验证明，具备足够层数的纱布口罩，例如2003年"非典"时期人们常用的18层纱布口罩，能够滤除相当一部分粉尘和细菌，但对空气中的可吸入颗粒物PM2.5的防护作用并不可靠。

2. 哪些人不宜佩戴防尘口罩

患有心脏病或哮喘、肺气肿等呼吸系统

疾病的人不适合长时间佩戴口罩，否则容易出现头晕、呼吸困难和皮肤敏感等问题。在流感流行季节，在人多、空气不流通或有空气污染的地方，在野外行走需要抵御风沙和寒冷时，建议戴上口罩，但时间不宜过长，不然鼻黏膜会变得脆弱并会破坏鼻腔原有的生理功能。此外还需注意，口罩的正反两面不能交替使用。在国外，佩戴防护口罩需要咨询医生，选用合适的口罩类型。

3. 怎样戴口罩

口罩必须能和脸部密合。人的脸不是平面的，平面的口罩自然无法贴合人脸，粉尘会从泄漏处进入呼吸道。佩戴口罩进行呼吸时，当气流遇到阻力——口罩的过滤材料（任何口罩都有阻力）时，也会绕过阻力，顺着没有阻力的泄漏处进入呼吸道。所以，与脸部不密合的口罩是不能达到很好的防护效果的。而且，平面口罩即使增加了过滤细小颗粒的过滤层，但由于密合性不好，也是达不到应有的防护效果的。但密合性好的口罩佩戴者会感觉呼吸有阻力，有些闷。有2种方法可以解决这个问题：一个是佩戴有呼气阀的口罩，另一个就是定时更换口罩。同时也要注意口罩的质量。有些口罩的容尘量比较低，佩戴时间很短，口罩表面布满粉尘而达到饱和，也会阻力大，使人感觉憋闷。如果环境粉尘的浓度很高，也会立刻使人感到呼吸阻力大、憋闷。

戴普通外科口罩：首先将有颜色的一面朝外，将铁质压条贴住鼻梁，轻压，使鼻梁压条紧贴面部，然后将绑带绑于脑后（耳挂式将左右两耳扣上）。上下拉开口罩的褶皱，使之展开，以发挥更好的防护效果。

戴KN90、N95型口罩：第一步，将手放在口罩背面与绑带之间，指向口罩鼻夹，让绑带自然下垂；第二步，将口罩戴在口鼻部位，下面的绑带系在颈后耳际下方，上面的绑带系在脑后耳际上方；第三步，调整口罩鼻夹，使之紧密贴合鼻部与面部，防止空气沿脸颊与口罩之间的缝隙泄漏；第四步，在保证舒适，易于呼吸的前提下，将绑带系紧；最后，检查一遍口罩是否有漏气之处。

佩戴N95口罩的要点：①佩戴时要选择合适的N95口罩；②遮盖住鼻子、口和下颌；③用橡皮筋（松紧带）固定在头部；④调整合适的位置并加以检验；⑤吸气时口罩应有塌陷；⑥呼气时口罩周围不应该漏气。

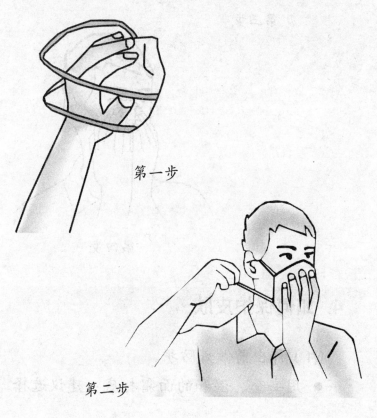

第一步

第二步

第三步

第四步

4. 如何保护皮肤

（1）外出前做好防护

● 用安全、温和的面霜打底：建议选择

滋润、温和、无刺激护肤品。

● 使用隔离产品：建议使用隔离霜，能在一定程度上隔离污染空气及污物。注意隔离产品的防晒指数。首先，涂抹在两颊骨骼突出的地方，用中指和无名指由内向外轻揉。鼻子容易油腻，用量越少越好，由上往下轻轻带过。鼻翼部分容易堆积隔离霜，可使用粉扑用按压方式涂抹。然后，以画圆的方式涂抹下巴。眼部从眼头往眼尾方向按压式涂抹，用中指和无名指腹轻轻按压。

● 用散粉：使用粉饼时容易使灰尘直接粘在皮肤表面，让肌肤更干燥，有可能出现肌肤"呼吸"不畅。建议使用散粉，因为散粉的颗粒更细，利于贴合透气。

● 在户外时，建议穿上长衣、长裤以减少肌肤与空气中有害物质接触的机会。

（2）外出后清洁皮肤

1）洗脸

● 洗脸之前一定要把手洗干净。

● 洗脸：①毛巾蘸热水（40℃~45℃），轻拧一下，蒙在脸上，2~3分钟，使毛孔打

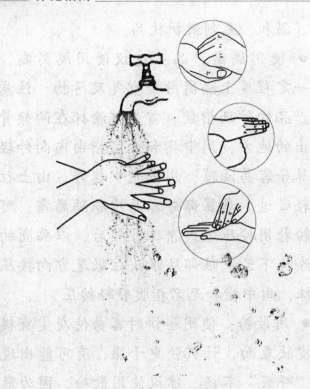

开；②用30℃~40℃清水洗脸；③用水把手沾湿，两手把洗面奶打起泡；④从额头开始，依次是太阳穴、眉、鼻、鼻翼两侧、眼周围、脸、口周围、下颌、脖子，用中指和食指像画圆似的轻柔地洗；⑤用水冲净洗面奶，用毛巾擦干。注意，开始要用温度高一点的水，让毛孔遇热打开彻底一些。这样更容易洗得彻底。最后再用凉水，防止毛孔粗大。

● 软化角质：洗脸后将棉片蘸取具有软化角质作用的化妆水，擦拭鼻部。

● 卸妆：粉尘和化妆用品会堵塞毛孔，所以在洗脸前卸妆是极为重要的。

2）清洗裸露部位的肌肤。

（3）抛弃隐形眼镜，多戴框架眼镜，防止沙尘误入眼中。如有沙尘误入眼中，应及时用流动的水清洗干净。

（4）洗头：去除头发中的颗粒及灰尘。

5. 使用空气净化器有什么作用

空气净化器是一种新型家用电器，定义为"从空气中分离和去除一种或多种污染物的设备"。它具有调节温度、自动检测烟雾、滤去尘埃、消除异味及有害气体、双重灭菌、释放负离子等功能。随着人们生活的改善，大家对空气污染造成的健康问题也越来越重视。然而在空气净化器还未普及的情况下，很多人对空气净化器并不了解。空气净化器中有多种不同的技术和介质，使它能够向用户提供清洁和安全的空气。

空气净化器最早应用于消防。1823年，约翰和查尔斯·迪恩发明了一种新型烟雾防护装置，可使消防队员在灭火时避免烟雾侵袭。第二次世界大战期间，美国政府开始进行放射性物质研究，他们需要研制出一种方式过滤出所有有害颗粒，以保持空气清洁，使科学家可以呼吸，于是HEPA过滤器（high efficiency air filter，高效率空气微粒滤芯）应运而生。进入20世纪80年代，空气净化的重点转向家庭空气净化。过去的过滤器在去除空气中的恶臭、有毒化学品和有毒气体方面效果非常好，但不能去除霉菌孢子、病毒或细菌，而新的家庭和写字间用空气净化器，不仅能清洁空气中的有毒气体，还能净化空气，去除空气中的细菌、病毒、灰尘、花粉、霉菌孢子等。

滤网是空气净化器的核心部件，其数量和材质对净化效果有很大影响。目前市场上的空气净化器滤网一般只有三四层，好一些的产品拥有五六层。其中，空气净化器主流的滤网主要有五种，包括前置滤网、可清洗脱臭滤网、甲醛去除滤网、HEPA滤网和加湿滤网。

第一层，前置滤网：是最新开发出来的微米网状滤尘网，它的网眼面积比一般的更小，除了可以吸附小灰尘颗粒外，还能有效去除毛发。表面净化经过氟索处理，附着在滤网表面的灰尘能更加便于清洁。

第二层，可清洗脱臭滤网：属于可以反

复清洗使用的脱臭滤网，进行定期清洗就可以恢复脱臭性能，可以有效去除汗臭味、宠物气味等异味。

第三层，甲醛去除滤网：可捕捉并将甲醛牢牢锁死在滤网上进行分解，从而有效去除甲醛，创造清洗纯净的室内空间。经权威验证，其去除率高达99%。

第四层，集尘滤网（HEPA滤网）：HEPA是国际公认最好的高过滤材料，根据其独特的纤维构造，通过高效控制微生物的抑菌加工纤维一体化HEPA滤网，有效抑制空气中的过敏原，如螨尘、花粉、病菌、二手烟、灰尘等微小颗粒，对0.3微米的粒子净化率为99.97%。

第五层，加湿滤网：加湿滤网以独特的"圆号构造"＋"背面网格构造"设计、完美的"倾斜0度新气流"，明显加大了风量，吸附室内飞扬的尘土、杂菌和异味，并以极快的速度祛除，达到对空气净化和消毒的效果，显著提高空气净化能力。

6. 怎样挑选空气净化器

（1）应当考虑使用环境和要达到的效果。一般室内空气污染为：①粉尘、病毒、细菌、霉菌和虫螨等过敏原；②可吸入的有机挥发气体，如甲醛、苯、氨等；③地层和建筑装饰材料释放的氡气及其子体造成的放射性污染。所以，选用空气净化产品，应综合考虑其功能和效果。

（2）应当考虑空气净化器的净化能力。如果房间较大，应选择单位时间净化风量较大的空气净化器。一般来说，体积较大的净化器净化能力更强。例如，30平方米的房间应选择120立方米/小时的空气净化器。选购时可参考样本或说明书中的介绍来选择。

（3）应当考虑净化器的使用寿命，维护保养是不是简便。例如，有一些采用过滤、吸附、催化原理的净化器随着使用时间的增加、器内滤胆趋于饱和，设备的净化能力下降，需要清洗、更换滤网和滤胆。应选择具有再生能力的净化过滤胆（包括高效催化活性炭），以延长使用寿命。也有些静电类产品无需更换相关模块，只需要定期清洁。

（4）应综合考虑房间的格局与净化器的匹配。空气净化器进出口风的设计有360度环形设计的，也有单向进出风的。由于房间格局会影响净化的效果，若想在产品摆放上实现随意性，则应选择环形进出风设计的产品。

检测机构：空气净化器（效果）权威检测机构是指经政府批准，依据政府标准或国际标准，作为第三方独立的、非营利性的、为业内认同的，对空气净化器净化指标进行检测的机构。该机构在一定的实验室空间、时间，对被检测的空气净化器在做工后，实验室内空气污染源下降的速度和浓度（空气净化效能），进行检测和指标认定。其检测结果具有公认性（政府认同、厂家认同、消费者认同）。

符合该条件的权威性检测机构：在中国，国家环保部及其各省、市环保局的环境监测总站是空气环保指标检测的唯一权威机构；卫生计生委及其各省、市卫生局的疾病预防控制中心是空气卫生指标检测的唯一权威机构。

7. 怎样使用空气净化器

（1）适用场所：①刚刚装修或翻新的居所；②有老人、儿童，孕妇、新生儿的居所；③有哮喘、过敏性鼻炎及花粉过敏症患者的居所；④饲养宠物及牲畜的居所；⑤较封闭或受到二手烟影响的居所；⑥酒店，公众场所；⑦希望享受高品质生活的人群的居所；⑧医院，降低感染，阻止传播疾病。

（2）适用人群

孕妇：孕妇在空气污染严重的室内会感到全身不适，出现头晕、出汗、咽干舌燥、胸闷欲吐等症状，对胎儿的发育产生不良的影响。

儿童：儿童身体正在发育中，免疫系统比较脆弱，容易受到室内空气污染的危害，导致免疫力下降，身体发育迟缓，诱发血液疾病，增加哮喘病的发病率，使智力大大降低。

办公室一族：在高档写字楼里上班是一份让人羡慕的职业。但是在恒温、密闭、空气质量不好的环境中，容易发生头晕、胸闷、乏力、情绪起伏大等不适症状，影响工作效率，引发各种疾病，严重者还可致癌。

老年人：老年人身体机能下降，往往多种慢性疾病缠身。空气污染可不仅引起老年人气管炎、咽喉炎、肺炎等呼吸系统疾病，还会诱发高血压、心脏病、脑出血等心脑血管疾病。

呼吸道疾病患者：在污染的空气中长期生活会引起呼吸功能下降，呼吸道症状加重，尤其是鼻炎、慢性支气管炎、支气管哮喘、肺气肿等疾病。呼吸纯净空气具有辅助治疗的效果。

司机：车内缺氧，汽车尾气污染严重。

（3）使用不当，空气净化器变污染源：空气净化器最核心的是滤材，有的滤材擅长过滤花粉，有的则专门去除颗粒，而如果使用不当，空气净化器也可能变成"污染源"。每一台净化器都有若干层功能不同的滤网，如过滤网脏了，用水是无法洗干净的，必须更换。滤网最好常换，即使在空气质量较好的情况下也不能超过半年，否则滤材吸附饱和之后会释放有害物质，变成"污染源"。

　　注意：使用空气净化器可在一定程度上减轻污染程度，但并不意味着能从根本上消除空气污染。消费者在选择空气净化器时，不要被各种"概念"所迷惑。

8. 雾霾天气时在饮食方面应注意什么

　　（1）增加水的摄入量：每日饮用温开水，建议每天饮水在1500~2000毫升，以白开水为主，也可以煮些白菜根、萝卜和梨水，或少量加些糖、蜂蜜等，增加味觉以提高饮水量。大量饮水可以润肺，加速肺循环，促进痰液排出，有利于沉积在肺部的有害颗粒随痰液一起排出体外，降低有害物质对机体的损伤。

（2）多吃水果和蔬菜：水果中富含维生素、矿物质和果胶，尤其是维生素C，可以提高机体的免疫力。果胶可以延缓血糖的吸收，促进有害物质的排泄。蔬菜富含纤维素和矿物质，能促进大便排出。梨、橘子、荔枝等具有润肺止咳、开胃生津、消痰降火、清胃泻热等功效，对肺部有很好的保护作用。

（3）饮食中增加山药、百合、绿豆、白萝卜、藕等食物：山药，补脾养肺，富含维生素K；绿豆，清热利水，且有解毒的功效，富含植物蛋白；藕，清热生津，富含碳水化合物、维生素C；百合，养阴润肺，清热安神，富含维生素。这些食物都有助于保护肺功能。日常饮食中可以多吃些山药绿豆粥、百合薏米粥等。

（4）补充优质蛋白质：适当增加豆制品、牛奶、蛋清、鱼虾和瘦肉类食物，保证优质蛋白质的摄入量，提高机体免疫力和抗病能力。

（5）饮食要清淡：尽量少吃刺激性的食物。

9. 雾霾天气时怎样锻炼身体

日出而作，日落而息，这是亘古不变的客观规律，同样也适用于锻炼健身。太阳出来后，植物可以进行光合作用，吸入二氧化碳，排出氧气，并产生大量的负离子。我们通过锻炼身体，可以加快呼吸，促进血液循环，排出废气，吸入氧气，有益于身体健康。

而在雾霾天气时，风力小，空气流动慢，空气中的各种细菌、悬浮物和化学物质会比平时多。这些化学粉尘、物理粉尘和含致病菌的粉尘都会刺激呼吸道，传播疾病。在太阳出来之前，地面的雾霾没完全散开，霾中的那些来源于尾气和烟尘中的可吸入颗粒物还笼罩着大地。此外，植物在夜间会释放出二氧化碳。因此，人们在早晨锻炼，吸

73

入的有毒物质相对更多，容易诱发呼吸道感染、鼻炎等疾病。同时，在雾霾天气运动，由于空气湿度大，不利于皮肤散热，人们容易出现胸闷、憋气、头晕等不适，严重时可诱发高血压和心脑血管疾病。所以，在出现雾霾天气时，我们可以在太阳出来、雾霾消散后，再进行户外锻炼。

10. 在雾霾天室内应当怎样通风

在雾霾天气，室内通风也有一定讲究，既不能不开窗，也不能盲目开窗，因为弄不好就会接触更多的污染空气。最好的办法就是在中午开窗，而早晚雾霾比较严重时尽量少开窗。靠近马路的住户，在白天车流量较大时也要尽量少开窗。

11. 雾霾天气时在日常生活中应注意什么

虽然，雾霾天容易诱发上呼吸道感染、

哮喘、结膜炎、支气管炎、心血管疾病等等，但是我们对待雾霾天也不必很恐慌，要保持一个良好的心理状态。通过少出门，戴口罩，规律生活，保证充足的睡眠，注意户外锻炼时机和运动量，注意室内通风时机，注意清洁个人卫生，并辅以合理饮食的调节，我们就能把雾霾天气对人体的影响减到最低限度。

同时，我们也应该通过改变生活方式，减少雾霾天的出现。比如，出行时多使用公共交通，住房的建筑材料、采暖等尽量使用太阳能和可再生资源，减少资源的消耗，增加资源的重复使用和循环再生。我们应该认识到，从自己做起，从小事做起，选择积极健康的生活方式，也有助于减轻雾霾。

12. 雾霾天气时可进行哪些中医调理

"霾"的天气现象古已有之，早在《尔雅》就有"风而雨土曰霾"的记载，又如清·魏源《圣武记》之"忽大霾晦，咫尺不相辨"等。现今的霾已不是偶然的自然现象，而是一种对人体健康有毒害作用的严重污染。针对雾霾，中医有何防霾妙招呢？

（1）扶助正气，御雾霾来袭：中医有言"正气存内，邪不可干"。祖国医学将人体的脏腑、经络、气血等正常功能及对外界环境的适应能力、抗病康复能力统称为"正气"，正气不足，阴阳失调，脏腑经络气血功能紊乱，是疾病发生的根本原因，即"邪之所凑，其气必虚"。因此，固护正气是预防雾霾毒害身体的主要原则。

精神调摄：中医认为，精神能够协调脏腑、阴阳、气血变化，维持机体内环境的平衡，并能使脏腑组织主动适应外环境的变化，从而维持人体内外环境的平衡。《黄帝内经·素问》曰"神太用则劳，其藏在心，静以养之"，"精神内守，病安从来"。因此，"清静养神"是防霾精神调摄的原则，以养神为目的，以清静为大法，恬淡虚无，祛除杂念，用神而不躁动，少思少虑，用神而有度，不过分劳耗心神。平日应调畅情志，使肺气宣畅、气血流通，有利于固护正气，预防霾害。

饮食调养：饮食宜清淡，少食辛辣香燥肥甘之品。辛辣香燥之品，久食可灼伤肺津，肥甘油腻，易助湿生痰，堕滞肺气，均可使肺的生理功能失调，抵御雾霾的能力下降，诱发呼吸系统疾患。此外，应戒烟限酒。吸烟可直接危害肺功能，长期大量饮酒，伤及中焦，运化失职，聚湿生痰，会导致肺系疾病。

劳逸适度：日常生活应注意起居有度，寒暑过度均易伤肺，应顺应自然，虚邪贼风，避之有时，根据寒热季节变化增减衣物。适当锻炼可有效抵制雾霾外邪入侵，但应注意劳逸结合，循序渐进，由弱至强，由慢至快，持之以恒，常年不懈。还可进行特定的耐寒锻炼，增强人体呼吸系统抗御寒邪的能力，可从春暖之时起，以冷水擦鼻、洗脸，常年坚持。

中医保健：坚持穴位按摩是较为简便易

行的扶正防霾方法，主要穴位包括迎香（鼻翼旁的鼻唇沟凹陷处），风池（后颈部，后头骨下，两条大筋外缘陷窝中，相当于耳垂齐平），足三里（外膝眼下四横指、胫骨边缘）。

（2）祛除邪气，解雾霾之毒：雾霾可导致人体疾病，属中医"外邪"的范畴。金银花、板蓝根、大青叶、连翘、野菊花、贯众、紫苏、藿香、佩兰等均具有抵御外邪防霾入侵的作用。但上述中药须辨证选用，不可妄服，如果您在雾霾天气自觉身体不适，建议到正规医院中医科室咨询用药。

（3）顺应天时，保四季健康：雾霾污染四季皆有，但笔者认为，四季之霾各有其特点，养生保健须有春霾、夏霾、秋霾、冬霾之别。

平肝防春霾：春为四时之首，阳气升发，万物始生。春属木，与肝相应，肝主疏泄，在志为怒，喜条达而恶抑郁。春季易有肝火上炎，肝阳上亢之证，如遇雾霾，易致肝火犯肺，因此，平肝是春季的防霾原则。

春季应保持心情舒畅、情绪乐观，切忌孤坐独卧、忧思郁闷，或情绪暴躁、频繁动怒。起居宜夜卧早起，不可骤减衣物，适当锻炼，吐故纳新。饮食忌辛辣烹煎动火之物，不可过多饮酒。可食用竹叶粳米粥，以竹叶煎汤去渣煮粳米，熟后加冰糖。

健脾解夏霾：夏季天阳下降，地热上蒸，多雨潮湿，热蒸湿动，脾胃功能减弱，雾霾邪气挟湿热乘虚而入，上蒸于肺，易致脾湿肺热之证。因此，健脾祛湿清肺是夏季的防霾原则。可服芳香化浊，清解湿热之药食。如藿香、佩兰各10克，炒麦芽15克，甘草3克，代茶饮。也可食用西瓜、芦根汁、绿豆汤、酸梅汁等。需要注意的是，夏季天气虽热，但不可过食寒凉，以免中伤脾胃，致脾虚湿困之证。另外，"三伏"是正是肺系疾病"冬病夏治"的时节，以温通之药物制成膏剂贴敷于肺腧、膏肓、定喘、天突、膻中等穴，对治疗阴寒内盛的疾病有效。

润肺疗秋霾：秋季天气干燥，肺喜润恶燥，秋燥本易伤肺，再遇雾霾，可致肺燥津亏之证。因此，滋阴润肺是治疗秋霾伤肺的原则。可适当食用芝麻、糊米、粳米、蜂蜜、枇杷、菠萝、乳品、梨等柔润食品，亦可选用银耳冰糖粥、百合莲子粥、红枣糯米粥等益阴养胃润肺之品。药物方面，可选用一些益气养阴、宣肺化痰的中药代茶饮，如沙参、麦冬、百合等。秋季是运动的好时节，但应避免剧烈活动造成大汗淋漓而耗伤气津。

益肾御冬霾：冬季大气对流减少，雾霾污染不易扩散，加之天气寒冷，虚邪贼风易伤人体，寒冷多变的天气常诱发慢性肺系疾病的急性发作及加重，是最需要小心防霾的季节。中医认为肾主纳气，肺吸入的清气必须下达到肾，由肾来摄纳，这样才能保持呼吸运动的平稳和深沉。因此益肾是冬季防霾的原则。起居应早睡晚起，早睡以养人体阳气，晚起以护人体阴气，睡眠充足有利于阳气的沉潜及阴精的蓄积，维持人体阴平阳秘。冬季以收藏为主，不宜耗散精气，故应避免剧烈运动，可进行太极拳、五禽戏、八段锦等锻炼。饮食方面，为保阴潜阳，可食谷类、羊肉、核桃、木耳、枸杞等，切忌食黏硬、生冷食物，因其属阴，易伤阳气。

　　总之，中医防霾，应以扶正祛邪、四时养生为原则，调摄精神，合理饮食，适当锻炼，配以中药、饮食调理，并因时、因地、因人制宜，预防霾害。

附:

几款常用的护肺养肺药膳

（1）秋梨蜜膏

【配方】 鸭梨1500克，生姜250克，蜂蜜适量。

【制法】 先将鸭梨、生姜分别切碎，取汁；再将梨汁放入锅内，用文火煮至黏稠如膏，加入一倍量的蜂蜜及姜汁，继续加热至沸后停火，待凉后装瓶备用。

【效用】 养阴清肺。

【服法】 每次取1汤匙，以沸水冲化，代茶饮服，一日数次。

【禁忌】 痰湿者不宜食用。

（2）胡桃仁粥

【配方】 胡桃仁50克，粳米100克。

【制法】将胡桃仁切成细米粒大小，备用。粳米淘洗干净，放入锅内，加清水，旺火烧沸后，改用小火煮至粥成，然后加入胡桃仁，继续煮两三沸即可。

【效用】补益肺肾。

【禁忌】痰湿者不宜食用。

（3）五汁饮

【配方】梨1000克，鲜藕500克，鲜芦根100克，鲜麦冬500克，荸荠500克。

【制法】鲜芦根洗净，梨去皮核，荸荠去皮，鲜藕去节，加鲜麦冬，一起切碎，以洁净的纱布绞挤取汁。

【效用】清热润肺。

【服法】不拘量，冷饮或温饮，每日数次。

【禁忌】脾胃虚寒者不宜多服。

（4）花生冰糖汤

【配方】落花生100克，冰糖适量。

【制法】落花生洗净，放入锅中，加清水、

冰糖，煮约半小时即成。

【效用】 清燥润肺。

【禁忌】 痰湿者不宜。

（5）海参鸭羹

【配方】 鸭脯肉、海参各250克，黄酒、食盐各适量。

【制法】 鸭肉和海参冲洗干净，切细，放入锅内，加清水、黄酒、食盐，小火煮做羹食。

【效用】 滋阴润肺。

（6）虫草蒸老鸭

【配方】 冬虫夏草5枚，老雄鸭1只，黄酒、生姜、葱白、食盐各适量。

【制法】 老鸭去毛、内脏，冲洗干净，放入锅中煮开至水中起沫捞出，将鸭头顺颈劈开，放入冬虫夏草，用线扎好，放入大钵中，加黄酒、生姜、葱白、食盐、清水适量，再将大钵放入锅中，隔水蒸约2小时。

【效用】 补虚益精、滋阴助阳。

【禁忌】 外感未清者不宜食用。

（7）蜜蒸百合

【配方】 百合50克，蜂蜜50克。

【制法】 将百合洗净，脱瓣，清水中浸泡半小时后捞出，放入碗内，加入蜂蜜，隔水蒸约1小时即成。

【效用】 滋阴润肺。

【禁忌】 痰湿不宜食用。